U0026038

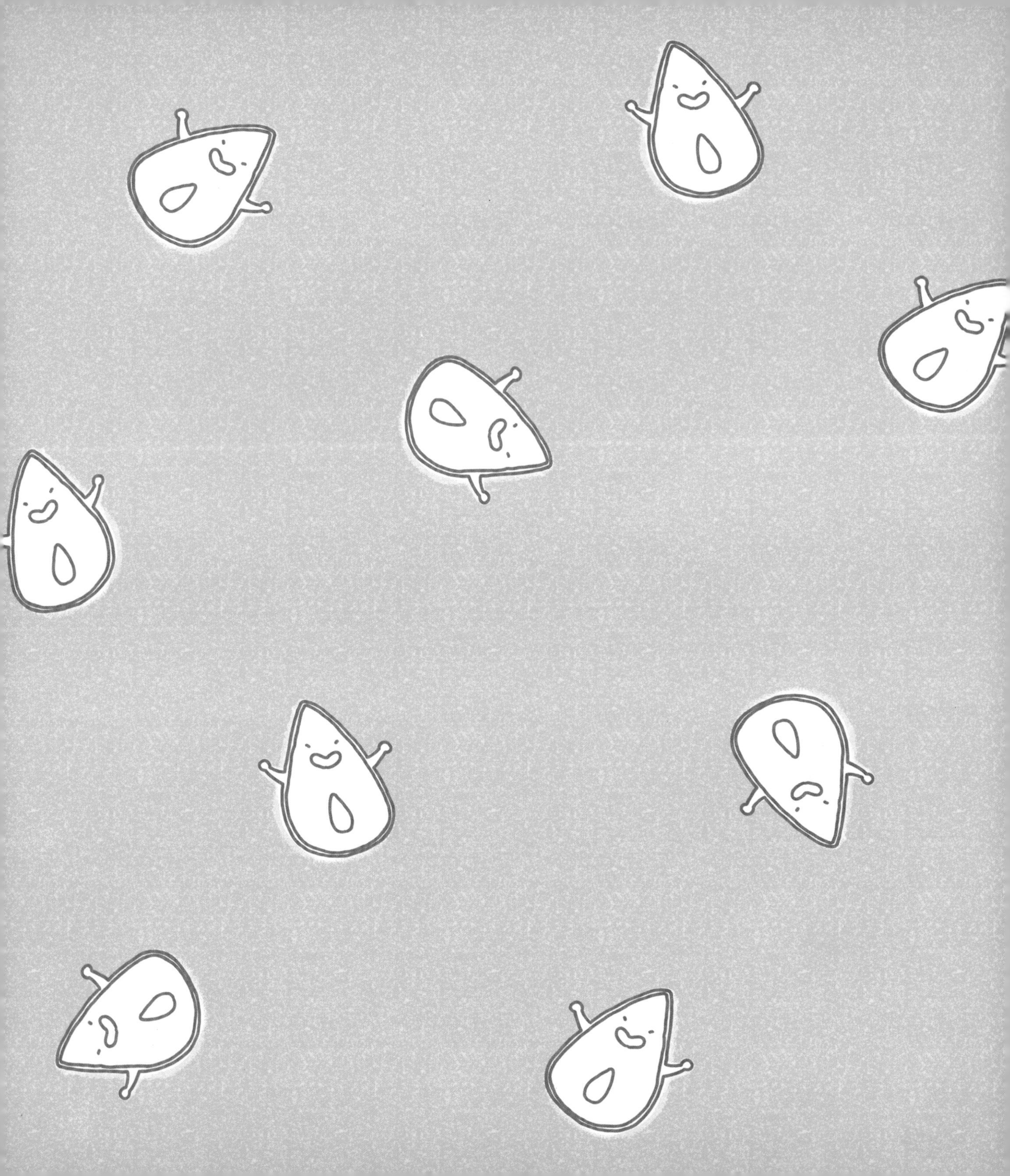

# 控制不住的眼淚

段張取藝　著／繪

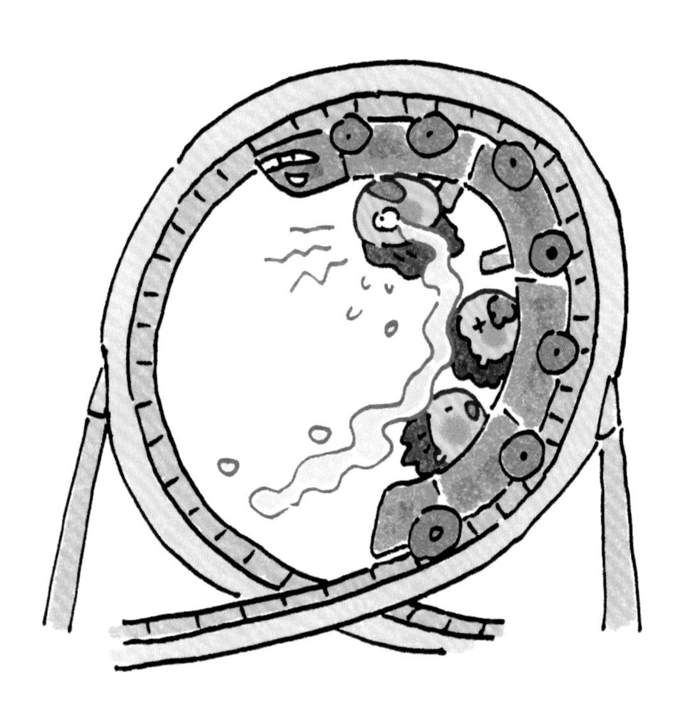

# 超級神奇的身體

# 控制不住的眼淚

2022年12月01日初版第一刷發行

著、繪者　段張取藝
主　　編　陳其衍
美術編輯　黃郁琇
發 行 人　若森稔雄
發 行 所　台灣東販股份有限公司
＜地址＞台北市南京東路4段130號2F-1
＜電話＞(02)2577-8878
＜傳真＞(02)2577-8896
＜網址＞http://www.tohan.com.tw
郵撥帳號　1405049-4
法律顧問　蕭雄淋律師
總 經 銷　聯合發行股份有限公司
＜電話＞(02)2917-8022

本書簡體書名爲《超级麻烦的身体 控制不住的眼泪》原書號：978-7-115-57491-6經四川文智立心傳媒有限公司代理，由人民郵電出版社有限公司正式授權，同意經由台灣東販股份有限公司在香港、澳門特別行政區、台灣地區、新加坡、馬來西亞發行中文繁體字版本。非經書面同意，不得以任何形式任意重製、轉載。

嘩啦——嘩啦——

流淚 **好麻煩！**

就算我們不情願，

眼淚還是會控制不住地流下來。

我們為什麼會流淚呀？

# 控制不住的眼淚

不管我們想不想哭，眼淚總是說流就流，難以控制。

不想上幼稚園時

答不出題時

玩具壞掉時

聽悲傷的音樂時

被大人斥責時

被電影感動時

與親朋好友離別時

看到可憐的
流浪貓時

# 我才沒有流眼淚！

當眼淚控制不住地流下來時，你是不是也曾這樣做，證明自己不是一個「愛哭包」？

裝作眼睛裡進沙子了

怪光線太刺眼了

裝作得感冒了

把頭仰起，不讓眼淚落下

背過身去，不讓人看見

蹲下身，裝作看螞蟻

偷偷洗臉，洗去眼淚

邊洗澡邊哭

躲進被子裡哭

把水澆在臉上，
假裝眼淚是水

運動到出汗，假裝眼淚是汗

倒立，讓眼淚流回去

戴上頭套，
不讓人看見

快速地原地轉圈，甩掉眼淚

跳進游泳池裡

騎上摩托車，
讓風把眼淚帶走

用小風扇吹乾眼淚

衝進大雨裡，假裝眼淚是雨水

眼淚工廠
這些難以控制的眼淚，是從哪裡來的，你知道嗎？
淚腺
淚腺是眼淚的主要「生產地」，每天都會源源不斷地生產眼淚。
淚腺導管
淚腺導管負責將淚腺生產的眼淚輸送到眼球表面。

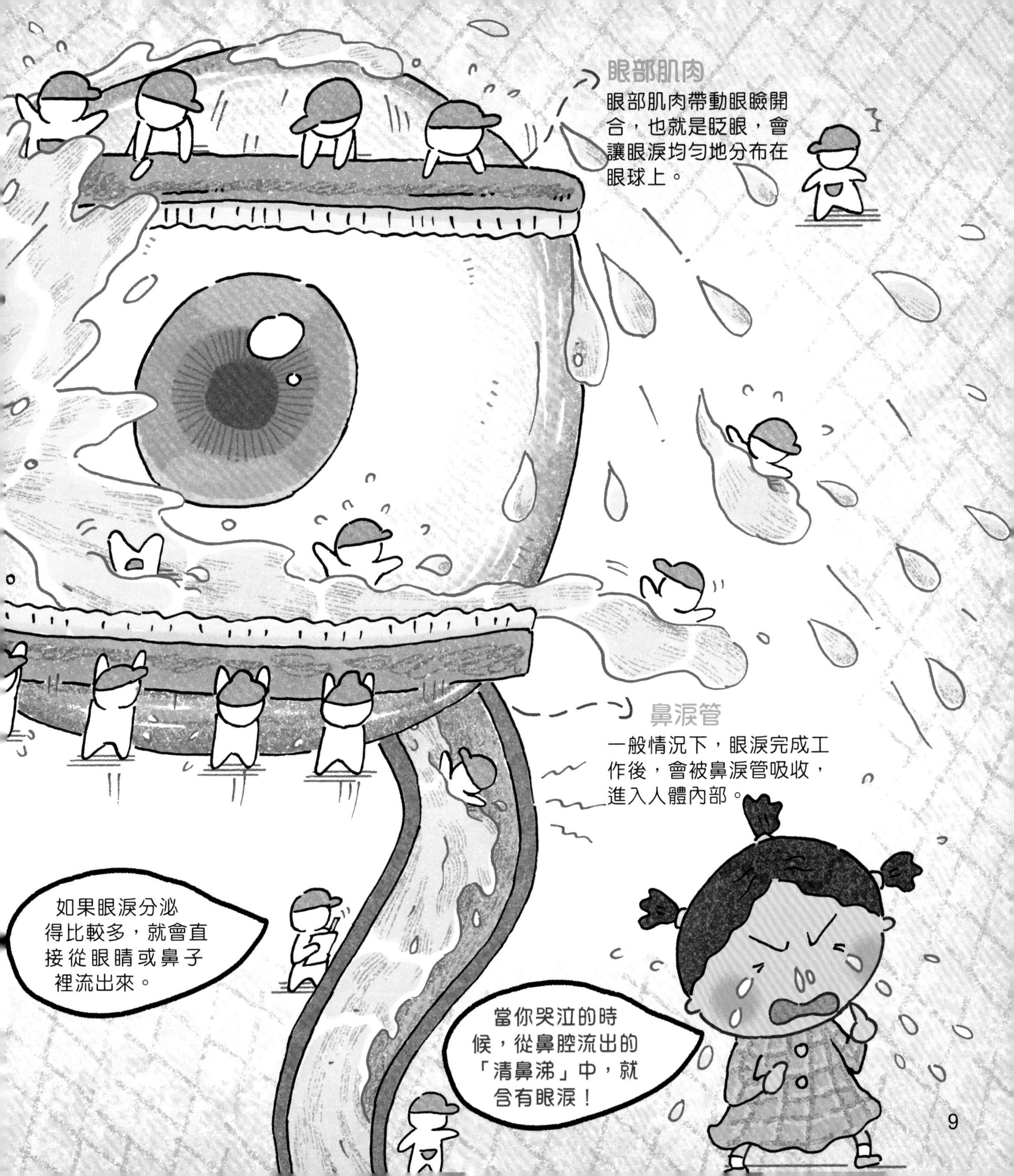
眼部肌肉
眼部肌肉帶動眼瞼開合，也就是眨眼，會讓眼淚均勻地分布在眼球上。
鼻淚管
一般情況下，眼淚完成工作後，會被鼻淚管吸收，進入人體內部。
如果眼淚分泌得比較多，就會直接從眼睛或鼻子裡流出來。
當你哭泣的時候，從鼻腔流出的「清鼻涕」中，就含有眼淚！

## 可靠的基礎眼淚

眼淚分為基礎眼淚、反射眼淚和情緒眼淚三種。我們每次眨眼時，都會有少量的基礎眼淚流出來，附著在眼球的表面。

眼球防護罩
基礎眼淚可以充當眼球表面的保護膜，在灰塵和碎屑進入眼睛時，起到防護作用。
角膜平滑劑
基礎眼淚能填平角膜不光滑的表面，幫助它均勻地反射光線，減少散光。
基礎眼淚的工作有很多。只要我們一睜眼，淚腺就馬不停蹄地開始製造基礎眼淚。
眼瞼潤滑油
基礎眼淚可以在眼瞼與眼球之間起到潤滑的作用。即使連續眨眼，角膜和結膜也不會受到損傷。
眼部殺菌劑
基礎眼淚含有溶菌酶等多種殺菌物質，可以溶解並殺死一些細菌，保護眼部，降低眼睛被細菌感染的風險。
氧氣搬運工
基礎眼淚可以從大氣中獲取氧，為角膜提供補給。
O2
O2
O2
O2
O2
O2

# 及時的反射眼淚

受到外界異常情況的刺激時，淚腺會在短時間內製造大量眼淚，來保護眼睛的安全。這種眼淚就叫反射眼淚。

### 物理刺激

受到撞擊、有異物進入、受到強光照射、被強風吹和疲勞用眼時流的眼淚，都屬於物理刺激下的流淚。

### 化學刺激

切洋蔥、吃芥末、接觸到胡椒噴霧和遭遇催淚彈時流的眼淚，都屬於化學刺激下的流淚。

### 生理反應

打哈欠、嘔吐和咳嗽時流的眼淚，都屬於生理反應下的流淚。

眼睛感知到威脅時，會刺激角膜的感覺神經。
警告！警告！檢測到危險靠近！
收到！生產眼淚，搭建眼球防護罩！
角膜感覺神經會使淚腺分泌大量眼淚，將異物沖洗出去。
和基礎眼淚相比，反射眼淚中含有更多的殺菌物質，味道會更鹹。

## 強烈的情緒眼淚

情緒眼淚的產生，常與人的各種情緒有關。當情緒足夠強烈時，我們就會流淚。有時，情緒眼淚會像洪水決堤般沖出眼眶，一發不可收拾。

### 傷心

傷心是讓人流淚的情緒中最常見的一種。

### 恐懼

在極度害怕時，人們也難免會號啕大哭。

### 開心

在倍感喜悅時，人們也會笑出眼淚。

### 憤怒

生氣除了容易沖昏人的頭腦，還可能會把人氣出眼淚。

### 感動

人在被外界的事物影響時，有時會產生一種同情、嚮往或羨慕的情緒——感動。受到感動時，人也會情不自禁地流下眼淚。

情緒眼淚中含有更多的蛋白質激素，能起到緩解情緒壓力的作用和天然止痛劑的效果。

# 至關重要的哭泣

對於人來說，流淚是一項重要的技能。在成長的過程中，它的作用遠比我們想像得更加重要。

53 vs 54
流淚並不是懦弱的表現，無論男孩還是女孩，都可以想哭就哭！
童真爛漫時
據統計，13歲以前的男孩和女孩，流淚的總量是基本相同的，不存在女孩比男孩更愛哭的現象！
長大成人後
適當地流淚，不僅有助於身體排毒，還可以起到緩解壓力的效果。
原來從小到大，眼淚一直都陪伴著我們呀！

# 眼睛旁的便便

一覺醒來，我們常會發現眼睛旁邊有一些小顆粒，它們就是眼屎。

正常情況下，眼睛不會分泌出太多眼屎。如果眼屎分泌出現異常，我們就要關注一下健康問題了。

# 眼淚也會罷工

有時候，我們會感覺眼睛乾乾的，這其實是淚腺沒辦法正常工作，無法產生眼淚。

沉迷電子遊戲
昏暗環境中長時間閱讀
從早到晚看電視
不停地看手機
用眼過度是眼淚「罷工」的主要原因。眼藥水治標不治本，頻繁使用反而會加重眼睛的負擔！

# 「養」眼有高招

眼淚長期「罷工」，不僅會影響視力，還可能會導致一些嚴重的眼部疾病。不想讓眼淚「罷工」，就要養成良好的用眼習慣。

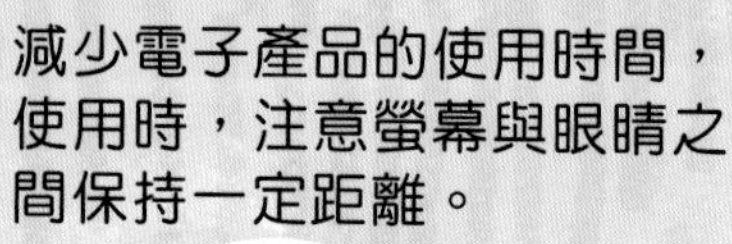


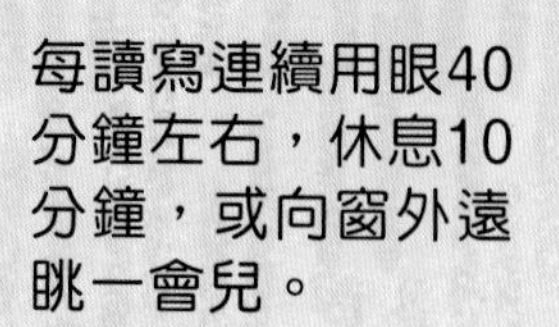

每讀寫連續用眼40分鐘左右，休息10分鐘，或向窗外遠眺一會兒。

減少電子產品的使用時間，使用時，注意螢幕與眼睛之間保持一定距離。

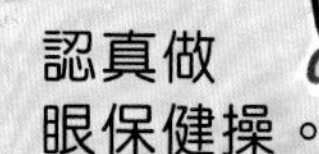

認真做眼保健操。

眼睛一旦受到嚴
重損傷，造成的傷害
可是不可逆轉的呀！
勤洗手，不用小
髒手揉眼睛。
在光線好的環
境下閱讀。
合理飲食，不挑食，
適量補充維生素。
養成用眼的好
習慣，才能不給
勤勤懇懇工作的
眼淚添麻煩喲！

# 大家一起流眼淚

在某些風俗和文化中，哭泣是一項重要的社會活動。

### 哭泣大遊行

在澳大利亞中部生活的迪埃里人，常常會在嚴重乾旱的時候，透過高聲哭泣來求雨。

### 嬰兒哭泣相撲

在日本，有些家長會為嬰兒舉行哭泣相撲比賽。由兩名相撲選手將嬰兒搖哭，用以祈禱在這項儀式後，嬰兒能健康、強壯地長大。但這種行為有可能會導致嬰兒搖晃症候群，請大家不要模仿喲。

### 特殊的儀式

在希伯來文化中，有一項特殊的儀式：全家人定期聚在一起，哭個痛快，然後再回到日常生活中來。他們以此為樂，並認為這一儀式有助於增強家庭的凝聚力。

## 哭泣俱樂部

在英國倫敦，有一家哭泣俱樂部。每到週末，人們就會擠在這裡盡情哭泣，以此來釋放壓力。

## 為玉米假裝哭泣

古埃及人害怕收割仍在生長的玉米會惹怒玉米中的「神」。因此，他們會一邊收割，一邊假裝哭泣，向玉米中的「神」表示自己是迫不得已的。

## 哭泣服務

日本有專門的哭泣服務。顧客會在「淚液信使」的指導下，觀看催淚的電影或漫畫，盡情大哭，發洩負面情緒。

# 眼淚有妙用

## 眼淚密碼

澳大利亞的驗光師斯蒂芬・梅森發明了一項把眼淚轉化為密碼的新技術，可以將人們的眼淚變成其獨特的個人密碼。

## 眼淚製鹽

由於眼淚中含有鹽分，倫敦的霍克斯頓街怪物商店便收集眼淚，製成鹽出售。他們還會根據流淚時情緒的不同，把「淚鹽」分為多種款式呢。

## 眼淚子彈

荷蘭留學生陳儀霏在設計畢業作品時，將看似「柔弱」的眼淚做成了子彈，並設計了特製的眼淚槍，來發射眼淚子彈。

眼淚雞尾酒
倫敦的飲料製造商龐帕斯和帕爾，會把顧客的眼淚收集起來，再加入一些藥草和香料，調製出風味獨特的眼淚雞尾酒。
眼淚檢測糖尿病
巴西和美國的研究者發表文章提出，有一種能收集眼淚的眼鏡，透過測定佩戴者眼淚中的葡萄糖含量，就能判斷他是否患有糖尿病。
眼淚銀行
以色列的神經生物學家諾姆・索貝爾，創建了一個「眼淚銀行」。他向全世界徵集眼淚，用來研究人類哭泣的原因。不過，只有剛流下的眼淚才適合研究，所以在「眼淚銀行」，總能看到一群人抱頭痛哭的有趣場面。

# 動物與「鹽淚」

動物也會流淚，只不過多數時候，牠們是透過流淚排出體內多餘的鹽分。而有趣的是，有些昆蟲與之剛好相反，牠們是依靠吸食眼淚來補充鹽分的。

**鱷魚**

由於腎臟分解鹽分的功能不完善，鱷魚只能將體內多餘的鹽分透過眼淚排出體外。

**棱皮龜**

成年棱皮龜有著比大腦重約20倍的超級淚腺，能將體內多餘的鹽分透過眼淚排出體外。

### 蜜蜂

熱帶地區有一些種類的蜜蜂，牠們常常會在一些動物的眼睛周圍徘徊，如果對方沒有反應，便落在牠們的眼睛附近，吸食眼淚。

### 蛾類

許多蛾類都會被動物的眼淚所吸引。牠們會用自己粗糙的口器在眼睛附近摩擦，刺激眼淚流出，以便吸食。

### 蝶類

為了補充鹽分和微量元素，許多蝴蝶有時會去吸食動物的汗液或眼淚。

顯微鏡下的眼淚
當眼淚被放大3000倍後，
會呈現出各種神奇的圖像。
感動時流出的眼淚
像章魚的觸手
在顯微鏡下，
世界上不存在任何
兩滴完全相同的眼
淚，每一滴淚珠都
是獨一無二的！

開心時流出的眼淚
像茂密的松樹林

受薄荷油刺激時流出的眼淚
像路邊剛開的野花

腳趾撞到桌子時疼出的眼淚
像纏繞的荊棘叢

像隨意躺在地上的藤蔓
打哈欠時流出的眼淚

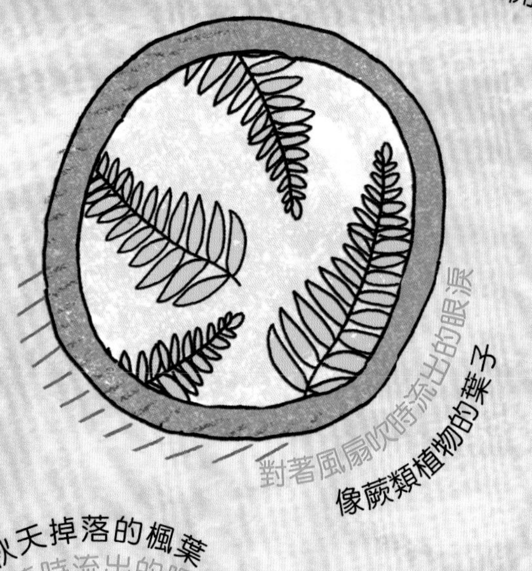

對著風扇吹時流出的眼淚
像蕨類植物的葉子

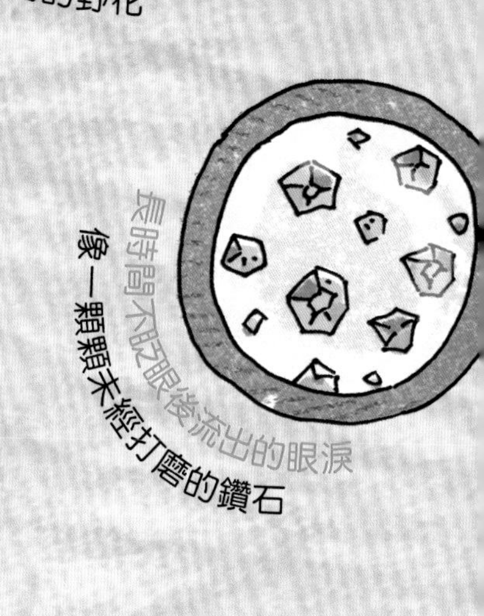

長時間不眨眼後流出的眼淚
像一顆顆未經打磨的鑽石

像秋天掉落的楓葉
切洋蔥時流出的眼淚

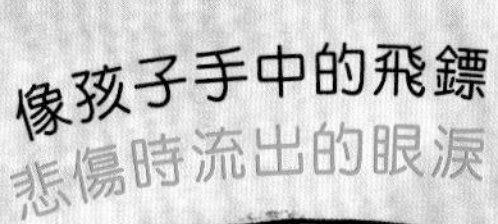

像孩子手中的飛鏢
悲傷時流出的眼淚

像一塊塊石頭
吃紅辣椒時流出的眼淚

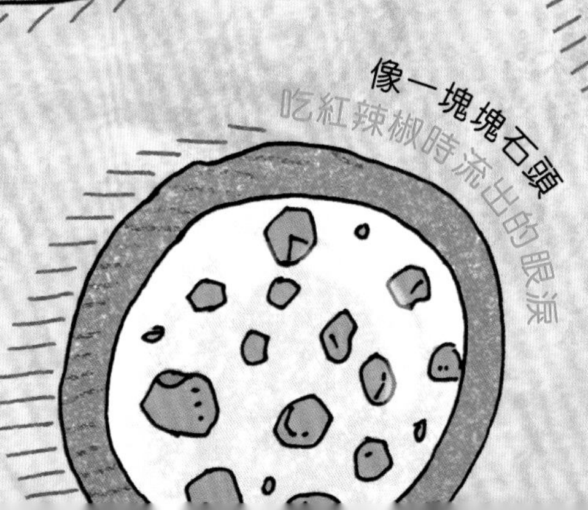

週末，在家玩了兩小時的電腦遊戲後，你感到眼睛又乾又澀。可遊戲剛玩到一半，正是最關鍵的時刻，這時你會怎麼辦？

和朋友到戶外玩耍了一會兒，回家繼續玩遊戲？
是
否

眼睛得到充分休息，
狀態保持良好。

每玩半小時遊戲，就站起來四處活動一下，並
遠眺窗外，讓眼睛休息5分鐘。
是
否

感覺眼睛有
些疲憊，適
當休息即可
緩解。

感覺眼睛乾
澀、疲憊，
需要適當滴
一些眼藥水
來緩解。

眼睛越來越難受，並且有些發癢。
暫停用眼
揉揉眼，繼續看

出現乾眼症的症
狀，長此以往，
甚至會造成角膜
擦傷和眼睛近
視。

# 小遊戲

你知道下面哪些工作是眼淚可以完成的嗎？
（正確的畫「✓」，錯誤的畫「×」）

1.清理灰塵。(　　)

2.殺死所有細菌。(　　)

3. 緩解情緒壓力。(　　)

4.幫助眼睛看清物體。(　　)

5.治癒眼睛疾病。(　　)

6.解決近視的問題。(　　)

7.給傷口消毒。(　　)

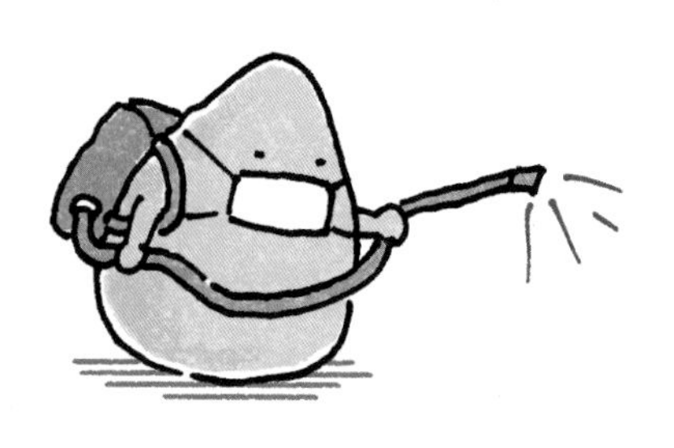

8.從大氣中獲取氧。(　　)

9.保持眼睛的濕潤。(　　)

答案：1.✓ 2.× 3.✓ 4.✓ 5.× 6.× 7.× 8.✓ 9.✓

請你來當個小小眼科醫生，看看下列眼屎都是由什麼原因引起的，把對應的選項連接起來吧。

答案：1.E 2.C 3.B 4.A 5.D

# 作者介紹

成立於2011年，扎根童書領域多年，致力於用優秀的專業能力和豐富的想像力打造精品圖書，已出版300多本少兒圖書。主要作品有《逗逗鎮的成語故事》、《古代人的一天》、《西遊漫遊記》、《拼音真好玩》、《文言文太容易啦》等系列圖書，版權輸出至多個國家和地區。其中，《皇帝的一天》入選「中國小學生分級閱讀書目」（2020年版），《森林裡的小火車》入選中國圖書評論學會「2015中國好書」。

## 主創團隊

段穎婷
張卓明
韋秀燕
陳依雪
黃易柳
肖　嘯
周旭璠

## 審讀

張緒文　義大利特倫托大學生物醫學博士
王　猛　臨沂市人民醫院眼科副主任醫師

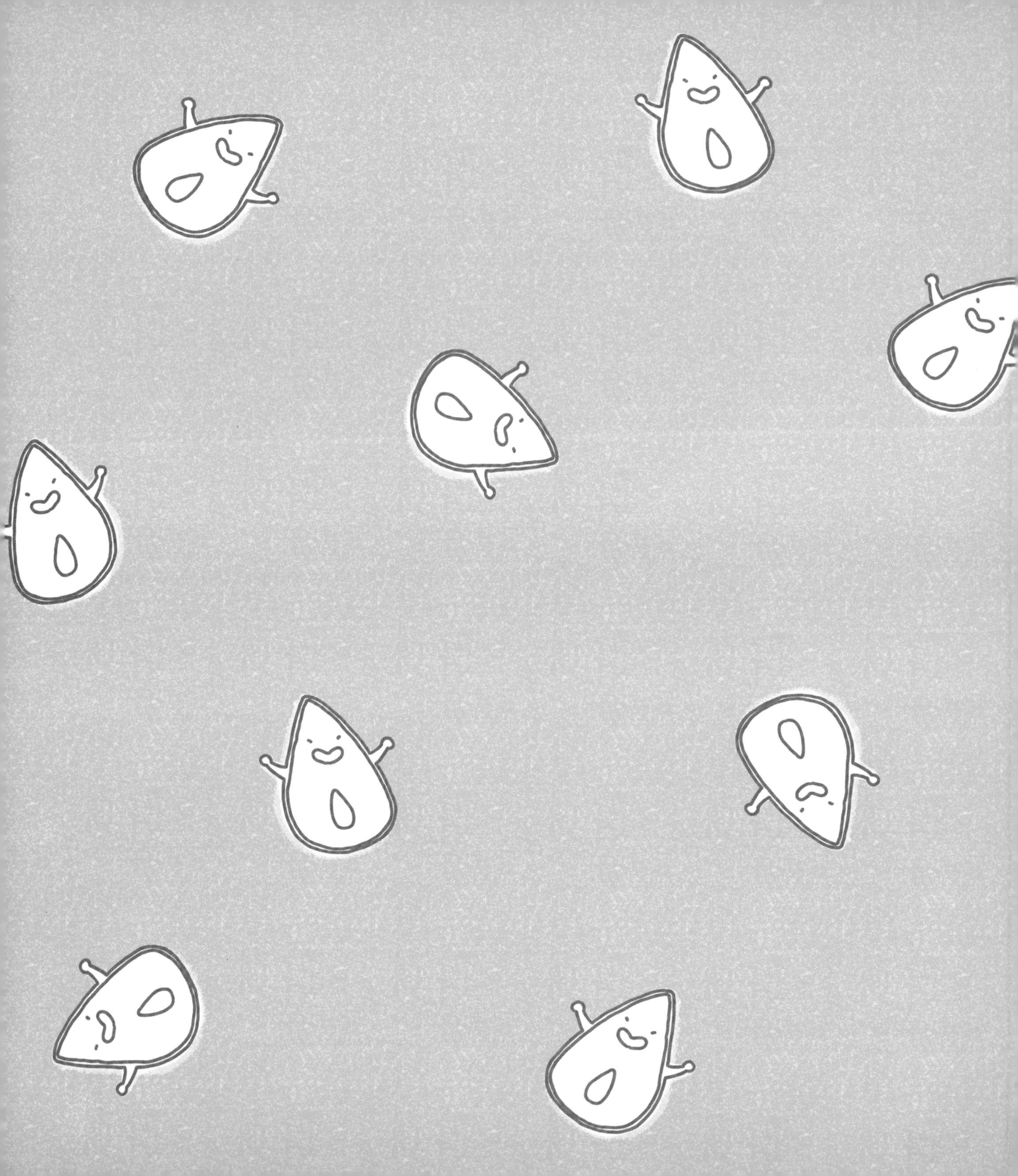

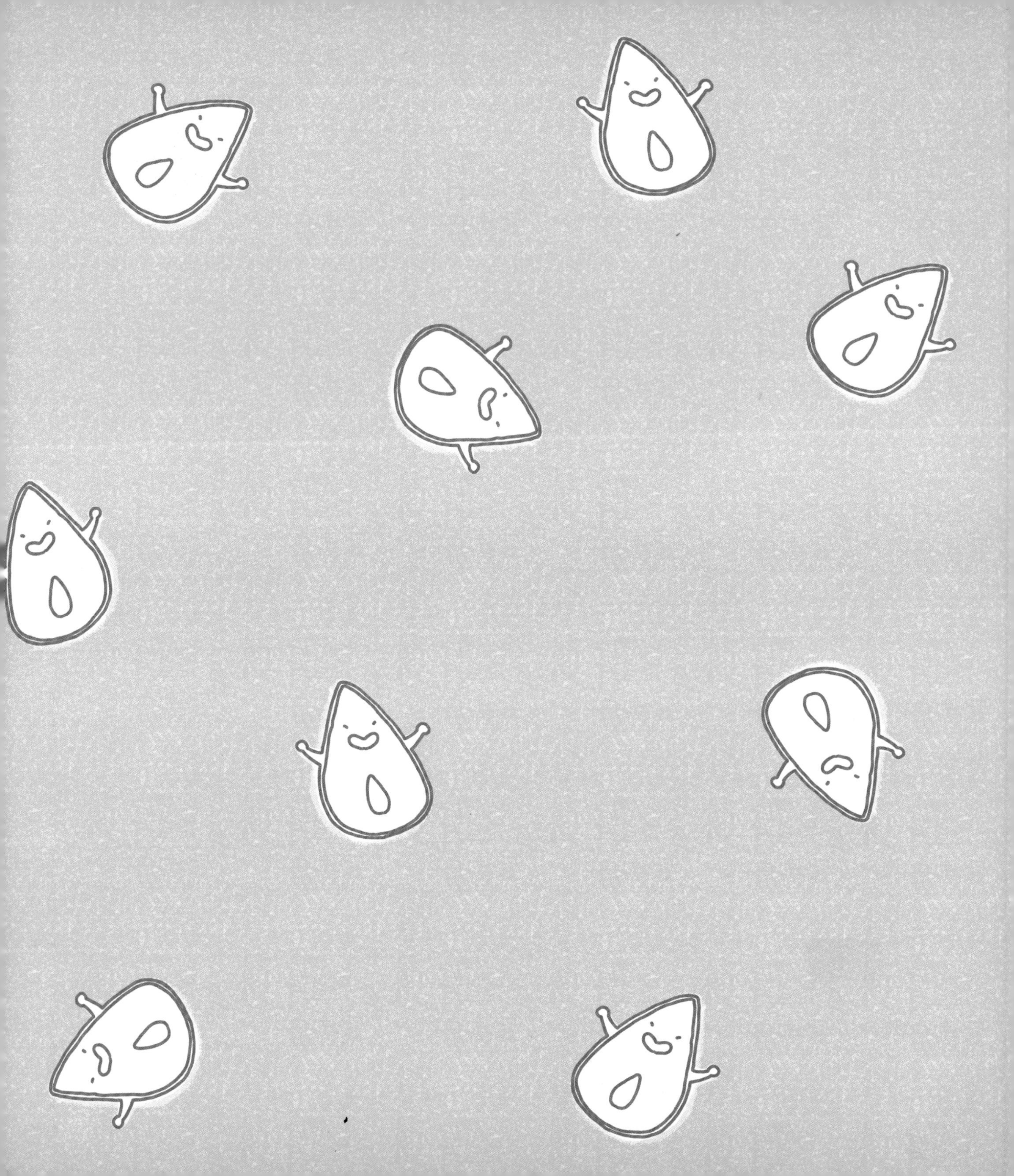